知识的大苹果　小苹果丛书
Les Éditions Le Pommier

我们可以
穿越时间吗

Peut-on voyager dans le temps?

[法] 加布里埃尔·夏尔丹 著

费群蝶 译

U0198460

上海科学技术文献出版社
Shanghai Scientific and Technological Literature Press

目　录

我为什么想咬苹果

苹果核心

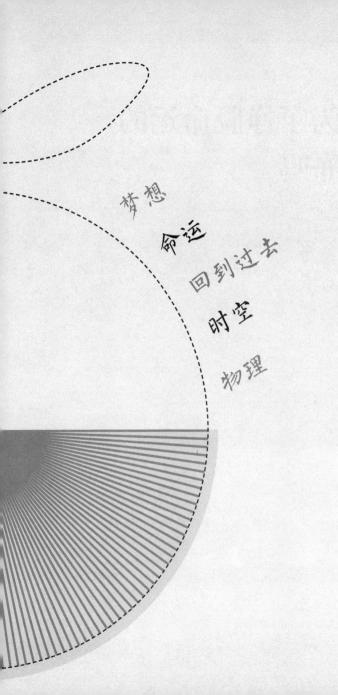

梦想

命运

回到过去

时空

物理

是为了挣脱命运的摆布吗

谁不曾梦想回到过去，纠正不幸的失误或改变事情发展的方向？对于这个问题，物理学家们的想象力比一般人更为丰富。

那是 1990 年的 8 月 1 日，欧也妮（Eugénie），这个三十几岁的年轻女人正坐在飞机上干着急，因为她乘坐的英国航空 149 次由伦敦飞往吉隆坡的航班已经延迟了将近三个小时还没起飞。在等待期间，坐在她身边的一个同她差不多年纪的男人转过身来告诉她飞机永远到不了目的地，还劝她离开飞机，这令她大为震惊。

已经等了两个多小时了，欧也妮勉强让自己在乱成一锅粥的飞机里耐下心来。听到这番话，她不由地问这位先生："您这么说是什么意思？是说我坐错飞机了？"男人答复她这架飞机的目的地的确是吉隆坡，但紧接着又劝告她赶快起身下飞机，趁还来得及。心中不安的欧也妮转身朝坐在后面的其他乘客——那些法籍印度人，问他们是否知道些她不知道的消息：飞机是否会按原计划经停金奈，最终在吉隆坡降落？迟飞了那么久是不是因为飞机要在科威特做技术停留？要知道科威特的边境可是聚集了大量萨达姆·侯赛因（Saddam Hussein）率领的伊拉克军队。这次技术停留他们是否在上飞机时就已经知晓？

然而，这些乘客们表示并不知道关于航班调整的任何消息，他们的机票也是买到金奈的。焦虑不安的乘客们叫来了一位空姐打听消息。空姐安抚了他们，请他们不必担心，飞机马上就会起飞，而且科威特的局势根本不可能影响到他们，所以大可不必为此担心。欧也妮可是花了高价买的去往金奈的机票，而她的行李也已在行李舱里放了很久。所以，尽管很不安心，她还是决定留在飞机上。

几个小时后，也就是当地时间凌晨四点二十分，这趟波音747英国航空149次航班降落在了科威特。而在这之前的五个多小时，萨达姆的军队开始袭击科威特，迅速挺进并包围了机场。这架载有343名乘客的飞机再也没有起飞，而是在几个月后被炮弹彻底炸碎。从那一刻起，机上人员作为人质受到长期监禁，其中大部分人质被关押了五个月，只有像欧也妮这样的幸运儿仅被关押了一个月。同样作为机上一员的我，在迅速恶化的环境中和欧也妮关在一起度过了做人质的头一个月。在这漫长的一个月里，欧也妮不断向我重复着：她本来有机会改变命运，轻轻松松地避免被扣做人质的悲剧，可她却没有这样做。她在绝望中挣扎，试图想出一种方法可以让自己摆脱这个窘境，从这个噩梦中醒来。在之后的几个月里，我脑中也重复着和她一样的幻想。

找到一个方法把自己传送到安然无恙的过去——在长达数月的监禁期间，这种绝望的企图极其强烈地在我的脑海中出现了几百遍。毫无悬念地，我最终没能自己找到出路：经过漫长的谈判和进展极为缓慢的交涉，各方面专业人员还是以非常传统的方式解救了我。但自那以后，我对时空穿越开始产生了浓厚的兴趣。我发现此类研究始于这次事件发生的两年前，基普·索恩（Kip Thorne）、迈克尔·莫里斯（Michael Morris）和乌尔维·尤尔特塞韦尔（Ulvi Yurtsever）三人联合发表的一篇名为《虫洞、时间机器和弱能量条件》的文章。我写这本薄薄的书，正是起因于这篇从物理学视角研究时空穿越问题的文章。正如本书最后一部分描述的那样，大自然始终有着其不为人知的惊奇之处，因为它不仅允许，而且还强烈要求人们朝着一个未知的终点进行时间旅行，而旅途中也许将充满我们的憧憬与梦魇。

穿越时间，但是去往何方？

首先，如果我们想要穿越时间，那么就要想好去往何方，是已知的过去，还是未知的将来？要回答这个问题，第一件要搞清楚的事就是：这里不仅有空间概念，还有时空概念。首先，我们试图在牛顿（Newton）的绝对时空观或爱因斯坦（Einstein）的狭义相对论范围内作答。然后，我们将从同样由爱因斯坦创立的广义相对论和万有引力理论角度来探讨这个问题的答案。在这两种理论中，爱因斯坦极富巧思地把时空想象成一个运动且弯曲的空间，在这个空间里能量、物质和曲度紧密地联系在一起。

对研究时间旅行来说，科幻小说是一种相对无穷的灵感源泉。接下来，我们将研究《星际旅行》中重点渲染的量子远距传输。因为，在这一系列作品中，我们将惊奇地发现，大自然从技术上严格规定方向，允许量子远距传输，即某一物体精确的远距传送。

我们要研究的另一个问题是，时空的唯一性或多重性特征。特别是时空是否如爱因斯坦设想的那样，是一个永恒不变的整体，或者，量子力学是否可以解释多元宇宙和平行宇宙存在的可能性？如果后一种假设成立，那么我们是否能够进入这些平行宇宙并与之进行互动？

这一问题是研究时间旅行的基础，因为如果我们能够回到过去并且自由支配自己的行为，这就意味着我们能够轻易改变我们原来一直认为已经确定不变的过去。如果我们成功回到过去，那么我们就该担心许多其他的时间旅行者也能回到过去。这样一来，就会产生一个巨大的风险，那就是我们将要去往的过去也会变得和未来一样不可知。在这种情况下，我们还能继续称它为"过去"吗？

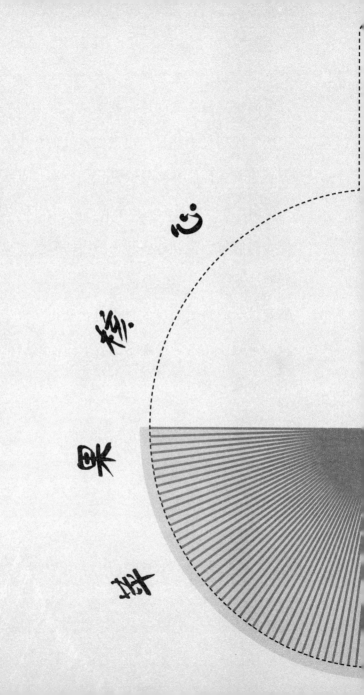

量子远距传输

广义相对论

平行宇宙

时间悖论

量子力学

在平直时空里穿越时间

根据爱因斯坦或牛顿的理论，我们首先设想一个"经典"时空，在这个时空里，如果要逆时而行，就必须快过光速。

现在，让我们假设自己处在一个平直时空，即牛顿假设的经典时空或爱因斯坦假设的狭义相对论时空。如果我们把时间旅行看做是将某一物体，比如一个人，从时空中的某一起点 A 传送到某一终点 B，那么我们是否能够任意选择 A 点和 B 点？爱因斯坦对此的回答是，A 点和 B 点必须用某种时间间隔连接起来，也就是说 A、B 两点必须能够被慢于光速的信号所连接。在相反的情况下，即当 A、B 两点只能被快过光速的信号所连接时，两点之间的间隔则属于空间概念。这就意味着没有任何一个实物能够连接时空里的 A 点和 B 点。

在这些条件下，朝着无限未来的时间旅行不会发生什么重大的原则性问题。我们只需把时间旅行的志愿者在一个接近绝对零度的温度下冷冻，当然，这一冷冻过程必须在瞬间完成，并且不能对志愿者的身体和大脑造成任何损伤（某些美国公司向一些无知的或对现实绝望的志愿者承诺，通过用液氮冷冻身体的方法来延续他们的生命，这似乎在解释这一方法的可行性）。在极低温条件下，志愿者的新陈代谢处于静止状态。也许经过一个世纪，他会被解冻，解冻的过程仍需极其小心翼翼。对于从冷冻到解冻这段时间内发生的事情，志愿者不会有任何记忆，因此他会认为两点之间的"旅行"不过发生在转瞬之间。

虽然，在您看来，这个方法可能是对时间旅行者的一种欺骗，但它再次凸显了"时间旅行"方向的双重可能性（从现在到将来，或者从现在到过去）：在整个冷冻过程中，时间旅行者原封不动，我们既可以说是将他从 A 点的现在传送到了 B 点的将来，也可以说是将他从 B 点的现在传送到了 A 点的将来，若方向改变成从现在到过去，也同样如此……当然，我们所说的"时间旅行"绝非易事。如果我们假设一位时间旅行者从 2014 年出发穿越到公元前 30 年，去见证埃及艳后克里奥佩特拉（Cléopâtre）之死，我们就要面对一个潜在的问题：将一名时间旅行者传送至过去，使他实现亲临埃及艳后时代的梦想，但与他一同穿越的，还有他从出生到 2014 年之间所获悉的一切信息。这里所涉及的，首先是对生活在埃及艳后时代和 2014 年之间的某一个体原原本本的传送，但不仅如此；同时被传送的，还有某一个体的出生（比如他出生于 1950 年），他所受到的教育，他直到 2014 年为止所获得的知识。这就是说，人们在传送这位观察者的同时，还将他在截至 2014 年已经掌握的所有知识随着倒流的时间一并传送到埃及艳后时代。

我们可以在平直时空里掉头吗？

如果我们想要逆时空穿行，就会面临一个问题，这就像一个在公路上迷了路又错过目的地的汽车驾驶人：如果他想要回到之前错过的分岔口，就必须改变方向，至少在某个特定时间折返。值得注意的是，这种做法在像地球这样的弧面几何体上行不通。事实上，一位只能在地球的弧形表面行进的旅行者，可能会像苹果表面上的蚂蚁那样，沿着圆周（亦称为"大圈"）一直向前，始终不改变方向，最后重新回到第一次错过的那个分岔口，虽然在绝大部分情况下，这样做一点都不省时省力。

但是，既然我们已经假设时空是平直的，那么要回到之前路过的分岔口就只能掉转方向了。然而，时空不同于普通空间，在时空里改变方向意味着需要采用和初始速度不同的速度。如果我们想要回头，那么只有一种选择：让自己的速度超越光速。对一个物体来说，由于它（他）的初

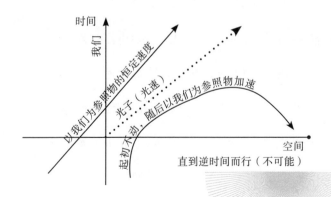

始速度低于光速——这一众所周知的极限速度，它（他）就需要借助无限的能量供给才能快过光速，而这是我们尚不具备的条件。

上图是时空曲线图的二维简化描述：纵轴线代表时间，朝上指向未来，横轴线代表空间（此处为一维空间）；虚线表示一个实物可能达到的最大速度（即光速）。如要逆时间而行，必须要通过无休止的加速来超越光速，但这种速度最终会将加速体摧毁。

但是，除了这一主要限制因素以外，当人们为了在空间里改变方向而被迫加速时，还必须面对另外一个问题。20世纪70年代，加拿大物理学家威廉·盎鲁（William Unruh）实际上已经向人们演示了以下令人惊叹的时空属性：当人们加速某个物体时，这种加速会导致该物体的温度与速度成正比上升。您最近一次坐外甥开的车子兜风时，也许他的开车方式的确让您的身体感受到一阵阵的热浪（对此您并不十分肯定），但这并不是我们现在所谈的升温。当然，对于人类可以承受的一种加速来说（根据自己的体重在可承受的范围内，通常低于几百千克），由加速引起的温度对该物体（此处指人类）来说始终保持微乎其微的水平，相当于百亿亿分之一摄氏度。现有的工具显然完全不可能测量这么微弱的温度变化。但是，在我们可能实现的最极端的加速情况下，比如在粒子加速器中，当电子的加速足够快（因为它们沿着一些强烈弯曲的圆形轨迹以光速行进），它们就能够获得可被测量的温度（约 1 开氏温度，也就是普通温度的 300°分之一）。

除了这一根据其发现者命名的"益鲁效应"，另一个时间旅行的限制因素也开始浮出水面：在某一特定时刻，想把一个物体传送回过去，必须要通过无限加速来实现，也就是无限升温，而这将从根本上对物体造成干扰。实际上，温度越高，物体产生的属性变化也越多。因此，一个生命体在体温连续几小时超过 50 摄氏度的情况下，想要存活下来的难度非常大。即使人们利用惰性物质（书籍、物体或光盘）将信息传输到过去，途中随着温度的升高，这些物质也将一个接一个地被燃烧殆尽。不过一瞬间，原子和粒子本身就将失去它们原来的属性，这使传输某个内在完整一致的信息变得根本不可能。当然，以上推理还远远称不上是一种论证，但我们至少找到了不可能在平直时空里掉头的原因。

盘鲁效应指出：
时间旅行者不可能在通过虫洞或180度折返时幸存下来。

在弯曲时空里
穿越时间

现在，假设我们在一个动态弯曲的空间里穿行……
这会为我们的时间旅行带来怎样的改变？

　　实际上，在 1905 年提出狭义相对论后没多久，爱因斯坦就指出，一旦存在一个万有引力场，也就是说一旦人们处于诸如地球或太阳这样的大质量天体周围，时空就是弯曲的而非平直的。爱因斯坦于 1911 年确定了万有引力理论，或广义相对论。这一理论描述了大质量天体如何使时空弯曲变形。对于黑洞这种极大质量天体来说，其变形时产生的能量巨大，导致时空中的某些区域甚至可能超出人类的观察范围。我们将会发现，设法利用时空弯曲的弧度是种很自然的做法，就像爬行在苹果表面的蚂蚁，只要不偏离原来的路线沿着弧面一直往前，总能回到原来的路。历史上，数学家库尔特·哥德尔（Kurt Gödel）可能是提出爱因斯坦场方程解的第一人。1949 年，他假设存在一个旋转的均匀宇宙，这个宇宙似乎允许可能居住其中的居民逆时间而行。哥德尔认为他假想的宇宙的这一属性证明了广义相对论是一个错误的理论。而今天，人们更多地认为我们所了解的宇宙并不具备哥德尔宇宙的条件——因为它没有在整体旋转。

大约二十年以后，数学家及物理学家布兰登·卡特（Brandon Carter）研究了几年前数学家罗伊·克尔（Roy Kerr）和以斯拉·纽曼（Ezra Newman）所发现的用来解广义相对论方程（爱因斯坦场方程）的一些弯曲时空属性，研究结果发表在他 1966 年和 1968 年的两篇文章中。令他感到奇怪的是，这些方程解的特点与电子相似，即包含三个"量子"数，分别指质量、电荷和内旋转运动。此外，这些方程解描绘了一个电荷和一个旋转运动，两者之间的关系（称作"旋磁比"）就是电子中的关系。我们会在之后关于反物质问题的章节中再次讨论这些属性。但是，现在我们要注意到，卡特已经发现，这些方程解可以允许任何一位观察者沿着精心设计的路线回到过去或去往未来。最后需要再次说明，我们的主要观点是，这些方程解因其奇怪的属性在当时并不具有物理意义，而且在当时的自然界也不可能实现。但是没过几年，1974 年，物理学家弗兰克 · 提普勒（Frank Tipler）就又重新提起了时间旅行，他提出了自己的爱因斯坦场方程解，它相当于一个无限旋转缸，这成了时间机器的一个新模型。然而，这次可能出现的问题是，这个方程解无法从真正意义上允许人们逆时间而行，因为在实现逆时间旅行之前，缸体质量的不断变大必将导致宇宙自身的崩塌。

时空里真的有虫洞吗

时空里有隧道吗?

物理学家们会注意到科幻小说吗?

如果我们有能力,为什么不干脆发明一些时间机器?

经过这些毫无结果的摸索，时间来到了1988年。这一年，基普·索恩（Kip Thorne）、迈克尔·莫里斯（Michael Morris）和乌尔维·尤尔特塞韦尔（Ulvi Yurtsever）联合发表了文章《虫洞、时间机器和弱能量条件》，这一文章给关于时间旅行的研究带来了新的视野。事实上，三位物理学家已经发现，广义相对论允许人们对时空通道进行几何作图，这些通道类似于丹·西蒙斯（Dan Simmons）在他的《海伯利安四部曲》中的设想：为了在为数众多的帝国世界里穿行，人们建造了一个由许多通道构成的网，将它命名为distrans。它能让人瞬间从一个世界穿行到另一个世界。一开始，我们不能很好地理解这种在空间里的瞬时穿越与时间旅行有什么关系。但实际上，正如物理学家基普·索恩和他的同伴们所发现的那样，两者之间有着极其密切的联系。

基普·索恩对这一问题的兴趣产生于20世纪80年代，当时，他的朋友——物理学家和天才科学普及者卡尔·萨根（Carl Sagan）问他，物理学规律能否允许人们建造一些丹·西蒙斯笔下的通道（门），人们一旦跨过门槛，就能到达另一个世界，比如织女星附近的一颗可供居住的行星。基普·索恩当然知道黑洞（时空里的某些深不见底的井状东西）会使时空发生严重扭曲。那么，是否可以利用此类天体或其他尚未想到的东西来建造能够让人瞬间去往织女星附近的闪电通道呢？

事实上，我们需要明确的是，一旦人们有能力绘制某一时空的"地图"（无论它是直的，几乎没有弯曲，还是拥有通往各个方向的路径和门），广义相对论就会罗列出用来建造"通道"的必要组件（能量、压力）。我们只需使用爱因斯坦的广义相对论方程就能把时空的几何构造与它的物质内涵联系起来。早在20世纪60年代，美国物理学家约翰·惠勒（John Wheeler）就已经将这些通道和昆虫在土里挖的隧道做了类比，并把这些通道称作 Wormholes，即"虫洞"。阿尔伯特·爱因斯坦自己也和物理学家纳森·罗森（Nathan Rosen）合作，研究了在今天被人们称为"爱因斯坦—罗森桥"的东西，这个东西第一眼看起来类似于虫洞一样的时空捷径。在爱因斯坦和罗森共同研究的这一特殊情境中，无论怎样勇敢或大胆的冒险者走上桥，其结果都是死亡，因为在他过完桥之前，桥面就会坍塌。因此说，爱因斯坦—罗森桥实际上是无法渡人过河的。索恩、莫里斯和尤尔特塞韦尔三人所做研究的创新之处在于，这些几何构造独立于时间，所以先验永恒，因而人们有可能可以像利用虫洞那样来利用它们。

显然，这里有一个关键：为了让时间旅行者能够在进入通道之后再次出来，构成这些几何构造的某些部件必须具有负质量或负能量。存在于我们周围的不同物体的质量吸引着我们，就好像地球把我们牢牢地吸在它的表面。如果我们仅仅利用正质量，时空通道在我们尚未穿过它之前就会崩塌，我们将再也无法走出，正如陷在一个黑洞里一样。要想成功走出虫洞（从地球通往织女星附近一颗行星的秘密通道），必须利用一种异物质来保护时间旅行者，使他能够顺利走出这个通道。但是在20世纪80年代前，还没有任何人发现一种类似的异物质，即使人们知道量子力学必须包含或者起码少量包含一种类似的具有负能量密度的物质。

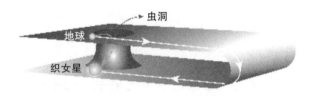

虫洞指的是能够实现瞬间移动，
比如迅速把人从地球传送到织女星附近的行星的一个通道。

　　这个困难并没有让基普·索恩灰心。他在一些物理学家的帮助下（这其中包括俄罗斯物理学家伊戈尔·诺维科夫［Igor Novikov］和威斯康星大学密尔沃基分校的美国物理学家和数学家约翰·弗里德曼［John Friedman］），开始研究虫洞的存在可能给时空带来的变化。

　　他们的研究可以给我们带来两个主要启

示。第一，一旦找到虫洞，人们就始终可以利用它来创造出时间机器，只要符合一个条件：从一个地方到另一个地方的瞬时移动能够快过光速。这样一来，通道、虫洞和时间机器不过是同一样东西。第二，非常不幸，自然界不容改变，它甚至尽其所能地保护着自己：的确，在材料配置到位、通道被造起来的过程中，虫洞会允许人们像在虫洞外部空间穿行那样，以光速旅行。然而，就在人们刚刚看到通道打开，即将逃出生天的一瞬间，一个相当简单的机制会让这个通道发生共振，并自动毁灭。因为，就在刚刚达到光速的关键时刻，一部分光束必然会和人在同一时间穿过通道，哪怕只带走身体的热量或来自空间深处更微不足道的热量。但是，请注意！根据假设，穿过通道的光束可以让人以光速从一点移动到另一点。因而，部分光束同样能够从通道外经过，其用时完全等同于光束穿过通道所费时间。这就意味着光可以绕圈，并能在绕回来的时候自我放大，这有点类似于激光器。这一灾难性的瞬间放大（当人们以光速移动，无论这个移动产生的距离对一个在实验室里保持不动的观察者来说有多远，它都是瞬时性的）相当于一种几乎无限的能量积累，它将摧毁建造虫洞所必需的负质量或负能量材料。于是，时间机器会在一次灾难性的爆炸之后消失。

如果必须概括一下大部分物理学家对基普·索恩、伊戈尔·诺维科夫及其团队所做研究的观点，我们可以说，他们中的绝大部分认为建造时间机器是不可能实现的。更何况，就算我们懂得通过一个负质量或负能量来获得异物质，自然界也会在时间机器一开始运作时就毁灭它，从而实现自我保护。的确，制造时间机器是一件离经叛道的事情，我们必须不惜一切代价来与之抗争。英国物理学家斯蒂芬·霍金（Stephen Hawking）将这一结论变成一个原理，命名为"时序保护猜想"：时间机器是被禁止制造的，如果硬要制造，那么只能让它在瞬间自我毁灭。不过，也许我们根本不必制订什么额外的准则，因为我们必须承认，直至今日，自然界仍能很好地保护自己。

用祖父悖论作为结束

回到过去来改变过去？没有比台球模型更好的例子可以解释事情并不像看上去那么荒诞……

科幻小说的作者们常常在创作时利用时间悖论的原型：一位时间旅行者想要探究家庭的过去，他逆时间而行，穿越回自己出生之前。他遇见了自己的祖父，在后者尚未有后代之时将他杀害，然后……但是，这样一来，他的父母亲显然不可能相遇，更不可能生下他，那么他的时间旅行又如何能实现呢？这是个多么明显的矛盾，至少表面上看起来是。所以，他也不可能回到过去谋杀他的祖父。

事情看起来非常荒唐。于是，在长达几十年的时间里，人们一直认为，穿越到过去这一概念本身矛盾重重，而且这些矛盾往往是显而易见的。但实际上，我们必须明白，这是个错误的判断，世界上并不存在真正的矛盾。索恩及其伙伴们的睿智之处在于，他们并没有在这个仓促的结论上停滞不前，而是竭尽全力，试图研究物理学家和数学家约瑟夫·波尔钦斯基（Joseph Polchinski）提出的那个表面看来矛盾的系统。

20世纪80年代末，约瑟夫·波尔钦斯基设想出了一个非常简单的系统，这一个系统是由两个球袋和一个球组成的一张台球桌。这两个台球袋在时间旅行的研究中充当了主要角色：当台球进入一号球袋后，它将从二号球袋出来，并在一秒之后再次进入一号球袋。准确地说，时间间隔的概念取决于用来测量它的参照系。因此，我们假设，在台球桌形成的参照系里，台球前一秒从二号球袋出来，后一秒就进入一号球袋。为了让画面更加完整，我们还假设，在台球自己的参照系里，也就是它自己所看到的那个参照系里，在台球进入一号球袋后立即从二号球袋出来的一刹那出现了一条瞬时通道。这一场景也许会让我们觉得有点荒谬，但是，因为人们可以在时空里进行几何描述（绘制虫洞图），广义相对论认为它可以被接受，因为爱因斯坦场方程可能创造出制作这一台球桌必需部件的属性。

然而，如果台球能在重新进入一号球袋之前从二号球袋出来，那么一旦足够快速且方向正确，它就会撞到自己，破坏原来的路线，并阻止自己回到一号球袋，这就是矛盾所在。对于一个类似于祖父悖论的复杂系统，我们可能会指出情况的复杂性。而台球和球袋这一极端简单的场景能够允许人们回到过去（即使不过是一秒钟），但这看起来会导致一个不可避免的矛盾。祖父悖论有多复杂,台球理论就有多荒诞。那么,究竟怎样才能避免台球悖论呢?

基普·索恩和自己的学生贡纳·科林科海默(Gunnar Klinkhammer)一起,开始了对这一系统的研究。它当然比祖父悖论简单,但其显而易见且不可避免的矛盾却值得考量。

首先,值得一提的是,的确存在某些台球能够阻止自己进入虫洞的情况。但同时,也存在不少其他的情况,在这些情况下,台球虽然完全按照与上述情况相同的方向和速度逼近虫洞,可最终它无论如何都能走完原来的路线。比如,它可能被自己用较轻柔的方式撞偏,而这轻轻的一撞将它送往虫洞,在那里它能在毫不违反常理的情况下继续保持原来的路线。的确,类似这样的替代方案不计其数。因为在量子力学下，测量的结果一般都是不可预见的。

尽管索恩及他的伙伴们付出了巨大的努力，找出了一些真正不合理之处，但他们还是没能发现任何一种不能通过这类替代方案来解决表面矛盾的情况。事实上，他们甚至在一篇文章中阐述了一个基本理念：他们猜想这众多的方案能够像纽带一样，连接看似不兼容的经典力学体系下的决定论世界和量子力学体系下的那个非决定论世界。

星际旅行的方法：
量子远距传输

从克隆繁殖到量子远距传输，信息的概念变得越来越重要，而时间旅行则属于另一个完全不同的维度……

现在，让我们来关注目前在科幻小说中最流行的时间旅行方式。《星际旅行》大量使用时空传输机在一个平台上传送一个生命体或非生命体，对此人们非常熟悉。当操作员按下一个按钮或某个机械装置，只要一个即时跳跃，无需中转，该物体就能瞬间被传送到过去或将来的某个时代。那么，物理学是否能解释这类时间旅行呢？

在很大程度上，这类时间旅行很有可能实现，至少在理论上是。但是，我们也要认识到，虽然量子远距传输在科幻小说中被反复大量使用，它能让一个近百千克重的物体突然彻底消失，不留下一点痕迹，然后又突然出现在另一个地方，但由于守恒定律（如能量守恒定律）的作用，这类传送实际上是不可能的。事实上，

根据 $E=mc^2$ 方程式，一千克物质能够产生相当于一次热核爆炸或氢弹爆炸的能量。所以，要想传送一组总体重为几百千克的人，并让这组人一个接一个地消失在如《星际旅行》中那样的传送器里，就必须严格控制那巨大的能量。在大质量物体消失的时刻，这些能量必须得到正确的疏导，否则每次量子远距传输都可能毁掉传送器。同样，也许在您看来，物体在时间里消失，接着在一秒钟的时间里被传送完成是件很平凡的事情。但是，要知道，对于量子远距传输平台所传输的电磁信息来说，这一秒钟意味着光速一秒的距离，大约每秒 30 万千米，相当于地球和月亮之间的距离。如果是在若干年时间里的远距传送，比如在《星际旅行》中曾多次考虑的这类传送中，斯拉夫籍航空员帕维尔·契诃夫（Pavel Chekov）手下的动作必须非常精确，方能让时间旅行者们在地球空间里从此消失（大多数情况是这样），或者相反地，不再出现在一个行星或恒星的中心。

首先让我们从一次看上去十分简单易操作的量子远距传输说起。假设我们想要量子远距传输一个氧原子，那么就去做吧！这样的传输似乎毫无益处：氧气大约占地球大气的20%，也就是说，在我们所呼吸的每一平方厘米空气中，就有数百亿亿个氧原子。物理学难道不是在告诉我们这些吗：如果这个氧原子处于基态，那么，没有任何办法可以把它和另一个氧原子区分开来，且氧原子的确完全不可分。这样的话，量子远距传输氧原子似乎是毫无意义的做法。

显然，如果我们试图用同样的方式"量子

远距传输"一只在我们看来体积非常小，却包含大量原子的草履虫，也许有人会说，量子远距传输的概念在以前对原子组件来说毫无意义，但也许对于稍微复杂点的物体具有一定的作用。比如，人们从未见过两只原子相近，且完全一样的老鼠。不过，既然量子远距传输和时间旅行的概念对简单物体没有意义，对复杂物体有意义，那么到底该如何界定简单物体和复杂物体呢？

　　现在看来，关于这个问题的讨论像是一种文字和概念游戏。因为无论如何，像人类那么复杂的物体，是永远不可能被"复制"或一个接一个原子地被克隆，除非可以在一个不同于原始人类诞生地的处所将他重造。我们发现，"克隆"一词刚一问世，"物体的复制"这一概念就再次波及了人类：的确，从一个 DNA 片段开始，人类的重造在理论上是可行的，这就好像有了发根就能生长出一根头发。因此，在当前这个现代文明高度发达的社会，如果想要尝试将人类转移到数光年以外的火星，并保证受试者在空间旅程中不会因为宇宙射线而导致无法医治的癌变，可能的方法就是只传送几个能克隆出不同类型的人类细胞，然后在空间旅途结束后第一时间重造人类。然而，这几个细胞虽然体积很小，却也会受到宇宙射线的伤害，这一点从去往火星的旅程一开始就是一个严重的问题。为了避免这个问题，我们最好也不要传送细胞本身，而是用它们的原子描述来代替。这样一来，原子重造项目可以允许未来的某个毫微生物合成器来重造一些基础细胞，然后由这些基础细胞完成克隆。这个未来虽然尚不确定，却已完全能够被想象出来。当然，通过这种方法克隆出来的人类，并不是对某一成年人的简单复制。实际上，克隆人身上将没有原型所积累的任何生活经历。这样一来，事情似乎碰到了瓶颈。但我们已经看到这样一个事实：比起物体本身，物体的原子描述更能允许量子远距传输物体，然后将它重造，最终以某种方式使之在另一个时刻重生（目前来说，这一时刻只能属于将来）。但是，由于我们尚不能重造个体头脑的精确状态，现在看来，克隆只能带来有限的益处。显然，除了传输人类细胞的原子结构信息以外，我们还能假设同时传输一切信息（上过的课、拍过的照片、看过的电影，等等），这些信息可以造就一个成人，这个成人有合理的机会能继续完成他的"父亲"（原型）原来想要通过这次虚拟传送完成的心愿。然而，传送过程中还是很可能会发生错误和不理解。

此外，在过去，一个传统的物理学家可能满足于用单一的化学结构来完全描述一个物体，而现在，量子物理学家认为，我们的宇宙不再是过去那个经典宇宙，而是量子宇宙，想要让复制品完全忠于原型，就必须把构成该物体的不同原子之间的相互作用所产生的微妙关联包括在原子描述中。而这些微妙关联因其复杂性并不一定适合被复制。

尽管如此，令量子物理学家们吃惊的是，近年来有两个重大发现为今天我们所说的"量子远距传输"奠定了基础。第一个发现似乎并不那么有利。两位美国物理学家，拉斯·阿拉

莫斯的沃奇克·祖瑞克（Wojcek Zurek）和普
林斯顿的威廉·沃特斯（William Wooters）通
过研究表示，想要随意复制一个量子系统是不
可能的。这一相当正式的论断指出，如果我们
拥有一台机器，能够精确复制某一原子系统的
量子态，那么这将与量子力学的某个基本原理
即线性特性相悖。的确，根据量子力学，假如
我们拥有一个物体的两种状态，那么同样可能
存在两种状态的某种结合态。然而，简单的复
制不过是一种非线性操作，必然违背线性特性。
物理学家们并不准备放弃这一特性，因为它是
构成量子力学理论的基础。因此，我们认为，
沃特斯和祖瑞克的研究论证了量子克隆的不可
能性。

在接下来的几年里，物理学家们证实，虽

然不可能对某一量子物体进行无限复制，但是，该物体的量子远距传输（也就是说先分析该物体的量子态，然后传输分析所得的信息，最终重造系统）却有着一定的可能性。

要想同时理解量子远距传输的力量及其限度，首先我们必须清楚地认识到，人类目前远没有通过这种方法来传输某个物体的能力，哪怕这个物体只有一个细胞的大小：事实上，只有一些基本原子系统得以被传输。但是，这些最初的探索还是验证了一件事：至少在理论上，我们可以分析并传输某一系统的量子关联，将它们编码到光子中，接着，这些光子将以光速行进，与此同时，我们将传送出一条本身也能用光速传输的无线信息。这条信息将包括用来描述系统的经典部分，并允许系统在接收站被重造。

令人十分惊讶的是，现代物理学因此认定，尽管凭目前的技术人类绝不可能实现量子远距传输，但某一量子物体在精确保持其原有状态下的光速传输则是有可能的，并且可以在遥远的将来计划实现。英国物理学家罗杰·彭罗斯（Roger Penrose）曾假设，如果在星际旅行中，来自地球的某一个体通过量子远距传输被运送到火星上，一旦复制成功，留在地球上的原型是否该被毁灭呢？无论如何，当这一个体完成火星之旅返回地球时，他大概也不愿意看到在地球上的那个原来的自己吧？量子力学为这种"安乐死"提供了佐证：一旦火星之旅实现，曾作为原型留在地球上的那一个体必然已经在复制期间发生改变。的确，克隆技术（也就是严格精确复制某样事物）的实现，其后果是复制品不会像原型那样长大，也就不会改变其最初的形态。

这一关于量子远距传输的小小研究为时间旅行打开了一个新的局面：物体可以被完全浓缩为它的量子描述信息。这样一来，原则上，只要我们在时间旅行中将这一复杂信息保存得当，那物体就有可能被成功重造。至少在理论上，我们可以设想一下，先保存被复制个体的信息，然后在未来我们认为合适的时间和地点将它重造。这些重造的个体因此将会有这样的印象：他们是在一瞬间从时空的一个点穿越到了另一个点。即使这在今天看来远远超过我们的能力范围，但我们并不排除，在几个世纪之后，人们可以在某一个体临死前对其进行量子复制，通过光导纤维传输，暂时储存关于复制程序的描述，最终使得该个体在将来的某一瞬间被重造，这就等于实现了个体的时间旅行。

然而，我们刚刚所说的量子远距传输仅仅允许复制某一物体并在将来而非过去将其重造。不过，正如《爱丽丝梦游仙境》中的王后所说的那样，"一个只有过去的记忆是十分可怜的记忆"。如果能穿越到过去，我们一定期望这样的时间旅行能如己所愿、为己所控，且带着我们原先所处时代的身份和记忆。我们明显感觉，在很大程度上，想要把某一个体带回假设固定的已知过去，又要由他在过去随性而为，这看来并没有什么矛盾之处。不过，如果人类能改变过去，自然界以及其他生物同样能够做到这一点。这样说来，既想回到独一无二且确定的过去，又想借此获得自由，两者似乎有些相悖。也就是说，自然界决不允许人们穿越到过去，或者，从根本上说，过去和我们眼中的将来一样充满着不确定。

那么，关于时间机器的讨论真该到此为止了吗？总而言之，如果量子远距传输最多只允许光速旅行，如果万有引力能穿过黑洞和其他可能导致时空极端扭曲的大质量天体，甚至如果时间机器这一特殊也许是唯一的工具看上去不允许时间旅行，那么实现时间旅行还有希望吗？在后面的章节中，我们将看到，即使物理学家并不认为时间旅行是一次回到过去的旅游，在微观世界里，依然可能有着我们意想不到的惊喜。

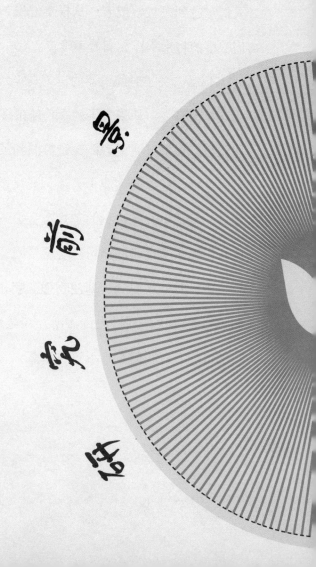

反物质

平行宇宙

时间箭头

暗能量

不可预知性

反物质是指逆时
而行的物质吗

从这一章起，我们将研究反重力：反物质概念是多
么的怪异啊！但它会帮助我们稍稍加深对逆时旅行及其
矛盾表象的理解。

　　让我们回到 20 世纪 30 年代。那时，保罗·狄拉克（Paul Dirac）率先发现，在我们生活的物质世界的另一面还有一个镜像世界，即反物质世界：比如，与电子（负电子）相对应的，有反电子，也就是今天我们所称的正电子。这个正电子在量子理论里表现为一种有电荷和质量的物体（因而具有能量），它的电荷和质量与电子完全相反。虽然狄拉克本人最先注意到这一点，但美国物理学家约翰·惠勒（John Wheeler）和理查德·费曼（Richard Feynman）于 20 世纪 40 年代正式提出，在电磁量子理论中，正电子真实地表现为一个逆时而行的电子。问题在于，如果正电子和负电子的演变发生在同一空间，电子和人类一样朝着将来变化，而紧挨着它的正电子却朝着过去变化，那么这样的发现究竟有何意义呢？

在万有引力理论框架下，假设我们所处的不是单一时空，而是两个弱耦合的时空，我们可以理解，这两种相反的时间方向如何共存，反物质这一逆时而行的物质又如何真实存在。正如我们先前提到过的那样，20世纪60年代末，英国物理学家布兰登·卡特在剑桥大学研究了数学家罗伊·克尔和以斯拉·纽曼早在几年前提出的爱因斯坦场方程解。这些方程解具体表现为一个基本粒子，比如一个电子，其外形类似于一个微型黑洞，这个黑洞具有与该粒子相同的质量属性、电荷和角动量（指内部旋转运动）。

卡特在他的研究中发现，这个"电子—黑洞"具有若干种令人惊愕的属性：一方面，"黑洞"并非真实存在，它看上去更像一个虫洞，因为它没有任何一个止逆临界区，而超过这个临界区，个体将无法折返，并必然毁灭。另一方面，电子的内部旋转运动必会在这个"虫洞—电子"之外形成一个环圈。此外，同样值得注意的是，由这个旋转中的电子形成的电磁场，更准确地说是物理学家们所称的"旋磁比"（即人们用真正的电子所观察到的那个电磁场），比传统电磁理论从电荷变化的角度所预言的强了一倍。最令人吃惊的是，一个体型纤细到足以钻进环圈内部的观察者可能会置身于一个第二空间，在这个空间里电子将会变成正电子（尽管卡特从没有使用过这个"反粒子"概念），也就是说，观察者所看到的虫洞电荷在他穿越环圈之后就会改变正负极——相反，如果他仅仅从外部绕过环圈，虫洞电荷则不会有任何改变。此外，即使观察者在穿越环圈前受到正电子的吸引，他也可能在穿越之后被这个正电子的重力推开。更令人难以置信的是（但如果我们认为反物质"确实"就是逆时而行的物质，这也许就没那么值得大惊小怪了），在第二空间里，观察者可以利用这一空间的负质量和负能量，选择合适的路线，去往自己向往的遥远的过去。

卡特的研究得到了礼节性的关注，同时也受到了最大的怀疑。基普·索恩及其伙伴们的研究直到大约二十年后才横空出世。对于卡特的研究，那时的舆论普遍认为，观察者在穿越环圈时发现的第二空间，既有它的排斥力，却又能允许时间旅行，这恰恰揭露了该理论的前后矛盾性……所以应该用一切可能的办法来隐藏这一空间。从很大程度上说，直到今天依旧是个未解之谜，尽管我们已经更好地认识到，与时间旅行相关的矛盾其实并不存在。

此外，至少到那时为止，尚未有人见过排斥力，且几乎所有的物理学家都肯定，在万有引力场里，物质和反物质以同样的方式运行。理由很简单：作为广义相对论核心的等效原理规定，无论各种物体如何构成，如果把它们释放在万有引力场里，它们都将沿着相同的路线运行。因此，绝不可能存在反重力，至少表面上是这样。

那么，我们今天是否要在广义相对论中观察这个排斥力呢？正如我们所见，卡特的方程解中所提到的第二空间或许能够让一个像爱丽丝那样有能力的观察者钻进环圈，从而发现这种排斥力。今天的物理学家一致认为，排斥力应该存在，但是分量极小，在某些量子效应里，它就像卡西米尔效应，因为排斥力的能量过小而导致它对自然界形成不了任何可见的影响。

但是，从 1998 年开始，物理学家们的态度发生了明显的转变。虽然，直到 1998 年，实际上还没有任何人肯定反物质的存在，但是物理学家们惊奇地发现，在需要通过今天的天文望远镜才能看到的遥远的地方（几亿光年以外），我们的宇宙正在因为某个"排斥力"的作用而加速膨胀。

1998 年，两个以美国物理学家为主的研究团队发现，人类所生存的宇宙正在加速膨胀，而不是像人们假设的那样受到万有引力效应影响而放慢膨胀速度，这在当时引起了巨大的轰动。对于这一奇特的发现，科学家们找不到更好的解释，只能将其原因想象成"暗能量"。暗能量具有大约 70% 的宇宙能量强度，因此构成大部分的宇宙质能，并在实际上制造类似神秘流体的负能量，从而加速宇宙膨胀。这一说法最初受到了怀疑，但之后得到了多个研究的证实，现在已经受到了普遍肯定，因为它的三位发现者，萨尔·波尔马特（Saul Perlmutter）、布莱恩·施密特（Brian Schmidt）和亚当·里斯（Adam Riess）因此在2011年获得了诺贝尔奖。

此外，关于这种神秘暗能量的研究目前仍是物理学界的焦点之一。科学家们设计了不少大型项目，比如即将开始投入实践的暗能量调查项目（DES）和恒星光谱巡天项目（eBOSS），未来还有一些大型项目，比如雄心勃勃的大型综合巡天望远镜项目（LSST）（该望远镜高 8.4 米，拥有 35 亿像素），以及欧洲欧几里得空间望远镜项目（EUCLID）。到 21 世纪 20 年代初，这些项目中的最后两个也将完成任务，届时，人们就能更好地了解宇宙中这一神秘组成部分的特点，但目前它的属性基本上仍然不为人知。

　　尽管暗能量在今天完全不被接受，我还是要在此简要说明一下可能用来解开这一排斥力之谜的答案，这一答案与 20 世纪 60 年代末布兰登·卡特的发现有着直接关系。当然，我们可以认为卡特提出的那些方程解没有任何物理学意义，在真实世界里也根本站不住脚。但是，我们至少可以假设这一答案不仅限于单一粒子，而是一对电子—正电子，两者紧紧相连，并连接着两个空间，通过这两个空间，粒子和反粒子相互交换。其中一个空间对应于我们所处的宇宙，它通过卡特所发现的虫洞环圈与第二宇宙相连，两者弱耦合。因此，从这个角度来看，每一个粒子或反粒子都可以是两个宇宙之间的桥梁，通过一个极微小的环状通道连接两个宇宙。以一个电子为例，这一环圈的大小相当于 100 费米。值得注意的是，粒子的质量越大，虫洞通往第二宇宙的通道就越窄。根据上述解释，一个负质量正电子如果没有与它对应的正质量负电子，就不可能存在，反之亦然。注意，每一个粒子—虫洞都只允许个体始终在同一空间里通过（而不是每一次都开启一个新的空间）。

而实际上，卡特的方程解中所描述的裸粒子很可能并不稳定。我们可以假设，类似的情况也出现在那些半导体材料中，如今天被我们用在电路中的锗、硅：因为半导体材料里的电子和洞也不是裸粒子，它们被虚粒子包裹深埋在半导体材料中。一个在半导体材料中运行的"电子"略重于它四周的电磁场，而因一个电子的缺失造成的洞，则略轻于这个电磁场。此外，在万有引力场里，电子因受到吸引而"坠落"，而洞却"反重力"，这并不出人意料。而且，当一个"电子"遇到一个洞，两者就会相互湮灭。

对于卡特的方程解，我们给出了一对紧密不可分的粒子和反粒子这样的解释。这个解释表面看来很顺理成章，但是实际上并不被今天的科学界所接受，尤其是因为它暗含了一个不明显却实实在在的副作用：违反能量守恒定律。诚然，我们假设了一个真空状态，并往往会根据电子和正电子（反电子）能量相加的平均值，给予这一状态一个零能量值。但除此之外，我们还倾向于让电子和正电子的能量自动成为一个正能量，因为两者至少在相互湮没的那一瞬间产生出了两个光子，它们的能量等同于电子的质能。因此，至少在理论上似乎有可能在万有引力场的作用下，从真空状态中提取能量。这意味着我们可以稍稍违反能量守恒定律。因为在万有引力框架内，这不是什么大问题，真正起主导作用的原理仍然是热力学第二定律和信息守恒定律。不过，我们必须注意到，由于宇宙膨胀，如果一个电子和一个正电子相互湮灭，由此产生的光子因为向红色光谱偏移最终将永远失去它们的能量。从这个意义上说，一对电子和正电子所构成的能量就是零。

除此之外，我们还要思考，如果第二宇宙真实存在的话，我们怎么会对此从来都毫无察觉呢？原因或许在于，两个宇宙几乎没有相连：用于连接两者的虫洞仅仅存在于有粒子的地方，而每一次虫洞出现时，这一通道和我们所了解的那些粒子的大小都十分微不足道。因此，我们所在的宇宙与第二宇宙之间的联结之所以非常微弱，是因为卡特所谓的虫洞打开的那些"通道"与粒子相捆绑，其大小只能用显微镜来测量，而且相互之间存在一定的缝隙。只有在那些密度极大的天体，如中子构成的恒星中，虫洞占据很大一部分空间，且粒子和粒子结合紧密。这将保护我们的时间箭头，不让它陷入险境。

的确，一旦两个空间之间的对话逆时间进行，我们的时间箭头就会受到威胁。这种逆时间对话理论上是存在的，因为某些快速旋转的黑洞会形成一个封闭区域，即我们所称的"能层"，在这个区域中，一个物体可以为外部的观察者所见，就像它拥有负能量一样，甚至，它（因为有了负能量）还没有被虫洞吞噬并且能从里面出来。但是，它也必须要为此付出自己的一部分作为代价，或者把另一个物体推入黑洞，才能重新找到正能量。如果我们想要和这样的一个物体对话，比如借助无线电波进行通信，这就是逆时间对话。

　　但是，如果我们对两个宇宙做出以上阐述，即两个时间相反的宇宙通过"虫洞"微粒之门相通，难道不会产生出更多我们尚不能解决的问题吗？如果我们成功实现两个宇宙之间的对话，难道不会摧毁我们的时间箭头吗？

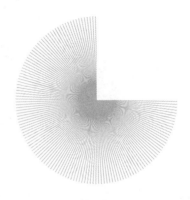

我们可以
逆时间对话吗

和另一个世界互动，那里的时间箭头与我们所在世界的时间箭头方向相反：是奇迹还是矛盾？

从 20 世纪 80 年代初起，美国克拉克森大学物理学家拉里·舒尔曼（Larry Schulman）就坚持提出这样一种假设：我们所在的宇宙和另一个时间相反的镜像宇宙之间可能有相互作用。

让我们举例说明这一反自然对话会产生什么样的问题：现在，您正舒服地坐在超强力望远镜的屏幕前，仔细注视着另一个镜面世界发生的事情。突然，灾难发生，就像一部倒放的大灾难片，比如一颗巨大的陨星撞击另一个世界。显然，在这么危急的情况下，不能再谨慎观察或稍作犹豫，必须立刻提醒那里的居民。不过，别忘了，您所看到的另一个世界的一切都是逆时间发生的，包括这类重大事件的倒放影片。所以，请您等上两个月的时间，这样，您就会发现，当我们决定警告那里的居民灾难即将发生时，其实他们自己也有两个月的时间来采取措施从而避免灾难降临。但是，就像在先前我们所说的导致祖父悖论的时间旅行那样，我们似乎再一次面临了一个悖论：我们是否真的可以预防一个我们已经见证发生的事情？如果是，那么，要倒放一块玻璃被打碎的场景，实际上必须要有一个奇迹般精密的方法才能让碎片重新组合成完整的玻璃。不过，难道我们不担心最细微的互动，哪怕只是我们目光的匆匆一瞥会摧毁这个奇迹吗？还有，如果与另一个世界对话，我们自己的时间箭头难道不也会被摧毁吗？

基普·索恩和他的团队并没有挑战祖父悖论这一太过复杂的问题，而是研究了一个十

和另一个时间相反世界的互动似乎会
导致一些目前看来仅浮于表面的悖论。

分简单的系统。而拉里·舒尔曼则研究了两个系统的演变。当然，这是两个理想化的点粒子系统，有着离散的一维空间和时间，因而比我们的宇宙简单得多，却能让我们清楚地了解在两个系统联结时它们的时间箭头如何变化。他的研究成果发表在 20 世纪最后一期的《物理评论快报》上，这部权威期刊向来以严谨著称。在文章中，他指出，除非两个时间箭头相反的世界之间的相互作用极强，否则两个时间箭头都会得到保护。

那么，还有什么在禁止我们进入时间相反的另一世界呢？答案在于，就算我们能够预防可能会发生的事情，还是会存在不合常理之处，不是吗？

当然不是，哪有什么不合常理之事！因为，

在论述中，我们忘记了一个关键点：当我们在观察一个时间相反的不同宇宙时，那里的一切都是相反的，包括那里的物体和我们之间的能量交换。让我们用撞击地面的陨星来举例说明。在灾难性剧情发生的另一世界，那天清晨，阳光照亮整个世界舞台，这让我们的摄像机得以拍摄到整个撞击过程。撞击释放出巨大的能量，并将大量光粒子从爆炸点一直传送到我们的眼睛。现在，让我们来反转时间：时间倒退，黑夜里另一世界的舞台不可见，那么实际上我们根本不可能有什么可警告那里的居民的！的确，光是倒放影片，用一部投影机将舞台上发生之事送到我们眼前，这是不够的，必须同时反转能量流：在时间反转之后，现在就由您的眼睛来发射光子了。然后，这些光粒子就会冲向太阳和正在聚合完整的陨星。

拉里·舒尔曼的研究因此证明，那些表面上看起来对两个宇宙所做的不合常理的观察其实完全合理，即使在技术上有着更加严格的要求。

宇宙的无限
（或几乎无限）**有多重性吗**

时空是否如爱因斯坦所说，是一个永恒不变的整体？量子力学是否也允许多元宇宙和平行宇宙的存在？

关于宇宙的独特性和不变性问题，我们只在本书的开篇简单提及了一些。现在，让我们从未来角度开始研究这个问题，因为未来在我们看来属于未知。首先，我们可以认为，这种不确定性仅仅是由环境信息的不完整造成的，比如气象预报就属于这种情况。但是，正如我们近些年看到的，如果我们提高测量的精确性，增加测量次数，今后的气象预报就会变得非常准确。那么，还有什么从根本上会限制我们预测未来呢？更令人好奇的是，这些限制同样会作用于过去吗？

我们要考虑的第一个效应就是"蝴蝶效应"，这在气象界广为人知。"蝴蝶效应"强调，对大部分动力系统来说，长期的预测都是行不通的。因为，在这些系统里，最初的一点点不精确都会随着时间以指数形式发生偏离，最终造成系统的完全不可预测性。这种现象出现在气象预报中，具体可以解释为，根据我们是否考虑到蝴蝶拍动翅膀带来的影响，其飞行路线的偏离指数随着时间的推进会在几周后导致完全不同的预测结果。更令人吃惊的是，这种现象也出现在太阳系的长期运动中。因此，没有人可以预见，再过几千年，地球是否会和另外一颗行星相撞。尽管我们现在是从经典力学角度来看待问题，但这个不可预测性的起因同样在于太阳系的混沌特征，即使这一混沌特征需要很长一段时间才能表现出来。因此，甚至是在决定论系统的范畴里，对于大部分决定论系统来说，要预测长远的未来实际上都是不可能的。

此外，另一个先验不同的限制因素也导致了某一系统未来的不可预测性。它产生的原因在于，支配物理系统的并非经典力学（即使经典力学在很多时候有着高度的精准性），而是量子力学。根据量子力学理论，当我们出于某一目的（比如为了确定电子内旋转轴心，即技术上所谓的围绕既定轴心的自旋值）进行一项测量时，在某些情况下，其结果可能是完全不可预见的，量子力学告诉我们这是一个根本性的限制。

这一假设让爱因斯坦十分不悦，他甚至发出"上帝不掷骰子"的感慨，如果它的确可能成为事实，那么是否就可能存在多元宇宙呢？每一次测量产生的连接都可能产生一个新的宇宙，而每一次连接的始发点都是我们正在探索的这个宇宙。这是惠勒（Wheeler）的一名学生休·艾弗雷特三世（Hugh Everett III）在他的论文中提出的一个论点。他的论文从多世界角度来阐述量子力学，与他类似的观点也出现在豪尔赫·路易斯·博尔赫斯（Jorge Luis Borges）的短篇小说《小径分岔的花园》中。

在时间倒流的情况下，我们观察物体的属性，在考虑到对称性时，就会发现多元宇宙问题和时间旅行之间的关联。事实上，如果反粒子的确是逆时间而行的粒子，我们预测，在前文所提的倒放的影像中，它们的行为应该和相应的粒子一致。物理学家们把这种时间倒流中的对称性看做一种根本属性，尽管1964年人们发现这一属性在物理学的某个隐蔽角落（在所谓"怪异"的不稳定粒子组成的系统中）受到了亵渎和违背。然而，如果未来是不确定的，在未来可能存在多个世界，再加上这种对称性，那么不就自然意味着过去本身的不确定性？也就是说，在我们的宇宙分支中，过去所发生的事件从来都不是绝对肯定的？一种观点认为，宇宙是一个"团"，它一次性地包括宇宙整个独一无二的历史；另一种观点认为，宇宙像一棵树，衍生出大量不同的分支。这两种观点之间巨大的差异性已经许多次被呈现在科幻小说和文学作品中。关于第一种观点所主张的宇宙是一个自我连贯的整体，我们以提姆·帕沃斯（Tim Powers）的科幻小说《阿努比斯之门》为例来说明。小说中，主人公打破时间循环，在一个唯一且连贯的历史内部相互作用。要注意到，为了让故事能够令人信服，其中一个人物不得不丧失记忆，这或多或少与索恩和科林科海默在台球理论中提出的身份丧失和偶然性特征相呼应。

阿多弗·毕欧伊·卡萨雷斯（Adolfo Bioy Casares）则在他的经典忧郁小说《莫雷尔的发明》

中想象出了一个交替出现的宇宙，在那里，时间旅行者按照自己的意愿，任意选择面对几乎无法辨别的现实，现实中的一切事件都几乎无限精准地被记载下来，但绝不可能被改变。这样的一次回到过去的时间旅行，在我们看来并非不可能，因为它相当于一部交代过去事件的十分现实又固定不变的电影。

关于时间旅行，最流行的观点还属电影《无尽的一天》中所阐述的。影片中，男主人公被带回过去，没完没了地重新生活在同一天。这一天中发生的事情无限循环往复，不同的只有每次主人公做出的反应，这些不同的反应能够改变过去，这个过去的缩影就是影片中牢牢困住他的那一天。于是，从每一次他在清晨醒来开始，我们都能看到不同的衍生故事。类似的时间循环理论也被使用在电影《明日边缘》中。影片中，由汤姆·克鲁斯（Tom Cruise）和艾米莉·布朗特（Emily Blunt）扮演的主人公是唯一能够给（几乎）无限反复循环的时间带去变化的人。但是，同样明显的是，如果所有的个体都有随时改变时间循环的能力——而不仅仅是电影中的两位主人公，那么过去就会变得难以辨认，直到再没有任何理由可以被称为"过去"。在此，我们必须认识到，即使艾弗雷特三世所说的多元宇宙不存在，在浩瀚的宇宙中，我们总会发现大量与某一物体相似的存在。这和时间旅行有什么关系呢？一旦我们意识到，在一个无限的宇宙中，我们往往可以在极其遥远的地方找到无数个自己大脑的精确复制品（尽管这令人感到非常不可思议），这个关系就体现出来了。这些大脑复制品各不相同，但它们中的大部分实际上都将出现在根本不利于生命维持的环境中。通常这些大脑复制品会很快死亡，甚至活不过瞬间，但是，如果每一个大脑复制品都在死亡前保留一丝意识，那么它们中的每一个都将有个短暂又令人惊愕的印象：从您现在阅读此书的地方，被瞬间转移到有您大脑复制品的无数地点中的一个。这个观点听来很奇怪，它强烈地冲击我们的直觉，直接关系到一个事实：宇宙是无限的，并且以某种方式"尝试着"无限量的原子组合。

因为，如果我们今天所观测到的宇宙有着约400亿光年的半径（最近的几次测量都表明，宇宙的实际年龄非常接近140亿年，目前这个数值已经被认定为十分准确。这一可观测的宇宙半径，被定义为我们今天能观测到的那部分空间，它的观测依据是精确宇宙学理论。在以暗物质和暗能量为主要组成部分的标准宇宙模型中，其长度大约为400亿光年），那么这个宇宙在整体上是无限延伸的。宇宙大小的无限性关系到一个重要的事实：宇宙的密度是关键，也就是说宇宙的密度必须恰好处于塌陷与膨胀的临界点，此外，这一膨胀目前正处于一个先验永恒加速阶段。另一个开放的科学问题关注的是宇宙是否已经经历了一个初始膨胀期。事实上，在10~35秒左右这一极短的时间内，宇宙很可能已发生了无数次空间气泡膨胀。其中的一些几乎在转瞬间就终结于灾难性的破裂崩塌，或者大坍缩，而罕有的另外一些空间气泡，正如在我们的宇宙中发生的那样，无限期地继续着它们的膨胀，但也因此产生足够数量的粒子，从而构成一些恒星或类似我们这样的行星，能被人们越来越远距离地观测到。也是在这 10~35 秒左右的时间内，我们的宇宙无数次地"尝试"着各种可能的故事，而我们也因此重新发现了它的这一属性：太阳底下可能发生的一切事情实际上都是无数次尝试之后的结果。

弦理论在数学上十分高雅，但在目前看来几乎不具有任何预测性。它对这些自然界可能正在发生的试验提出了一个更加极端的假设：的确，有许多不同的宇宙同时存在，尽管实际上它们之间相隔甚远，并且，它们的值也不同于我们所称的自然界"常量"（这一概念也许只是我们不成熟的说法）。

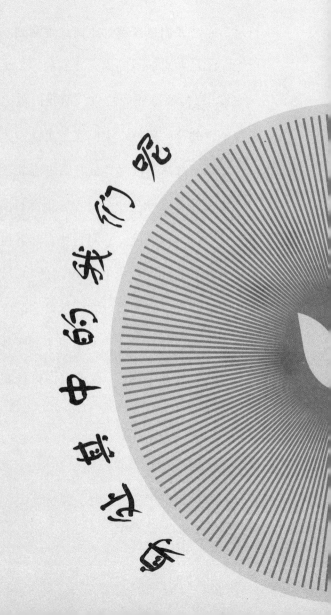

我想有一天他们中的几个会死呢

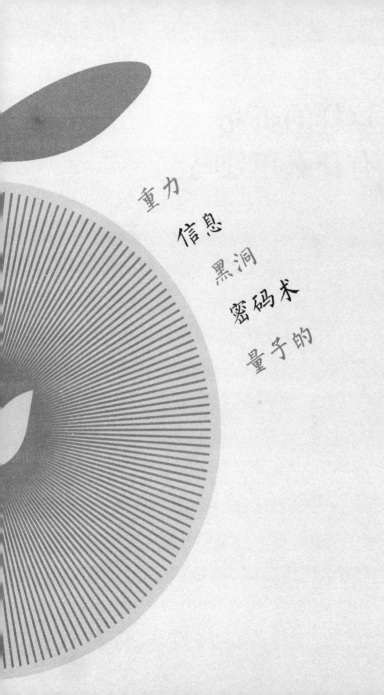

重力
信息
黑洞
密码术
量子的

这样的研究
有什么用处吗

在这一章，我们会重新探讨黑洞的问题，结局虽然不可预料，但是与我们直接相关！

　　首先，让我们对前几章的研究做一个简短的总结。我们已经知道，时间旅行意味着在时空里进行180度转向。我们考虑过多种多样的方案，其中有一种需要完全掉头。但是，时空是平直的，没办法弯曲，因为任何物体都会在它尝试掉头的时候被完全烧毁。在粒子物理学中，激烈的碰撞可以产生同等数目的物质微粒和反物质微粒（逆时而行的物质），但是我们没有任何方法在平和的状态下单单从物质生产出反物质，同时又不破坏其内在一致性。

　　万有引力理论描述了弯曲时空概念，这使我们有机会获得制造时间机器的条件。当然，我们不可能利用黑洞来让时光倒流，以实现我们天真的愿望：重新经历过去的事情或者纠正曾经的错误。事实上，一旦我们越来越有可能制造出时间机器，自然界就会启动自我防御模式，并在时间机器开始运转之前就将它毁掉。至此，物理学家们设想的每一台时间机器都要遵守斯蒂芬·霍金（Stephen Hawking）的"时序保护猜想"。

　　尽管如此，基普·索恩及其同伴们诸多大发现中的一个，却是要告诉人们，科幻小说作家们所想象的，和物理学家们引用的"悖论"其实并不真实。索恩和科林科海默对台球理论的研究指出，尽管我们依然处于经典力学的框架内，但在我们的世界里，负质量和负能量的侵入似乎会将我们引向一个不再唯一的未来，也就是说，就像博尔赫斯在科幻小说《小径分岔的花园》描述的那样，未来可能有许多个不同的样子。这在我们的世界和具有量子力学随机性特征的世界之间建立起一个奇怪而又出人意料的联系。

此外，这一联系最近还受到了物理学家李奥纳特·苏士侃（Leonard Susskind）和胡安·马尔达西那（Juan Maldacena）的大力推崇。他们在2013年发表的文章获得了广泛关注，在文章中他们把这一联系概述成了方程式 ER=EPR。这个方程就像是一条优雅的捷径，因为它，爱因斯坦－罗森（ER）发现的虫洞和 EPR（爱因斯坦－波多尔斯基－罗森悖论）之间的关系突然重新变得紧密起来。此前，我们已经知道，这些虫洞几乎能够形成一个可穿越的虫洞，但这虫洞却会在刚好被穿越之前崩塌。而 EPR，也就是爱因斯坦－波多尔斯基－罗森悖论，从1935年起，就提出了物质系统之间的量子纠缠这一问题，虽然这些系统相隔数光年之远。因此，重力、信息和量子力学之间的关系，尤其是黑洞附近的极限重力条件下的信息丢失问题，依然是眼下炙手可热的研究焦点。人们已经发现，要想对一个拥有大量量子关联的系统进行精确克隆是不可能的。这一发现大大关系到量子密码术的发展，因为量子密码术本身也关系到能否开拓一些绝对安全的信息传输通道。在这些通道里，每一次尝试监听都能够被侦测到，因为部分量子信号在我们监听初始信号时会变得模糊。今天，类似这样的系统可以在数十千米范围内发挥作用，并即将在某些商业领域投入使用（如用于实现绝对安全可靠的银行谈判），但这并不一定能让执政者喜欢，因为政府希望能够监控各种类型的交流……

从 20 世纪 70 年代开始,就有了关于黑洞(它可以说是时空失真的最终产物)的万有引力和热力学四大定律之间关系的讨论。讨论的结果是人们可能会据此生产出足以满足人类生活几亿年所需,并大大超出可预计的人类生存时间的能量,虽然,目前我们完全不知道如何将这一理想变为现实。事实上,如果我们能制造出相当于一座小山质量的黑洞,那么这些黑洞中的每一个都可以产生好几个核电站的能量,其使用年限以十亿年计。此外,这些微型黑洞有一个明显的优势,即通过以兆电子伏计量的 γ 射线,在绝大多数时间里持续提供能量,因此几乎不会产生任何核废料。但是,这些黑洞的大小要以 100 费米为计量单位,这么小的体积在目前的科技水平下,很长一段时间内制造它们都将是艰巨的挑战:找到一个方法，用几十亿吨的物质来"喂养"一个如此小的黑洞，其困难远大于把一头骆驼穿过针眼。

因此，即使物理学家们并不真正相信人们可以穿越时间，关于时间旅行、暗能量和远程量子系统纠缠的研究还是引起了科学家们的热烈讨论，并始终是科学家研究宇宙中的相关机制时思考的重要问题。将来有一天，这些科学谜团也许会驱使人们开拓出各种不同的物理学领域，或者还会出现一些重要的应用。有了这些不同的领域和应用，它们一定会引发现代物理学中更多激动人心的研究。

专业用语汇编

反物质

物质在镜子里的像，反物质在与物质结合时，两者相互湮灭并迸发出巨大能量。每一个粒子都对应一个反粒子，两者质量、寿命相等，但负荷相反。正如保罗·狄拉克（Paul Dirac）从 20 世纪 30 年代起就指出的那样，反物质同时表现为物质在镜子里的像和"逆时间而行的物质"，但这一说法尚待验证。

克隆

在经典力学中，克隆是指通过复制系统结构和重组构成系统的原子和分子，对系统进行克隆。而量子力学认为，我们不可能对一个系统进行完美克隆，保留其量子关联，因为拥有两个完全相同的系统会违背量子世界的基本属性——线性特征。

时序保护猜想

由英国物理学家斯蒂芬·霍金（Stephen Hawking）提出的猜想，这一假设认为时间旅行是不可能的，因为自然定律和量子起伏必然会摧毁一切时间机器的试运行。

临界密度

我们认为，在宇宙即将崩塌之时，有一个临界密度。稍微一点点多余的物质，就会让宇宙终结于大坍缩（一个灾难性的坍塌），而不是继续无止境地膨胀。今天，大多数物理学家估计，我们所在宇宙的密度刚好处于临界值。

卡西米尔效应

由荷兰物理学家亨德里克·卡西米尔（Hendrik Casimir）预言的效应。它指出，真空中两片平行的平坦金属板之间存在相互的吸引压力。由此证明量子真空存在波动。这一效应是用来阐述负压力的一个范例。

盘鲁效应

盘鲁效应以加拿大物理学家和数学家威廉·盘鲁（William Unruh）命名，它预言，加速运动的一名观察者的体温会因为加速而部分升高。如果加速到足以创造反粒子的程度，原始对象的身份特征必然会消失。

爱因斯坦场方程

爱因斯坦场方程将某一特定地点的物含量和曲率联系起来。从技术角度来看，这些非线性方程很难解，并且也很难被量子化。

ER=EPR

物理学家李奥纳特·苏士侃（Leonard Susskind）和胡安·马尔达西那（Juan Maldacena）在 2013 年发表了这一猜想，它在虫洞和量子世界纠缠这一表面上看起来非常不同的现象之间建立了联系，这一关系至今仍然存有争议，但也许相当深刻。爱因斯坦（Einstein）和罗森（Rosen）在20世纪30年代研究了虫洞。李奥纳特和胡安曾与爱因斯坦的学生鲍里斯·波多尔斯基（Boris Podolsky）一起合作，研究了量子纠缠现象。

时空

这里的时空指的是四维空间，其中三个维度是空间，一个维度是时间。在时间中，我们描述发生在我们所在宇宙的事件。这种说法符合爱因斯坦广义相对论的描述。

费米

米的其中一个细分单位。1费米相当于10～15米，这是原子核特有的单位，是原子本身大小的

十万分之一。

间隔

在相对论中，间隔指的是两个事件之间在时空里的某种距离。如果可以通过一个低于光速运行的物体来连接这两个事件，我们就把这种间隔定义为时间间隔，反之，则为空间间隔（另外还有一种特殊情况——恰好位于时间间隔和空间间隔分界点的光间隔）。

暗物质和暗能量

暗物质和暗能量是我们所在宇宙的两个重要组成部分。它们非常神秘，因为无法直接识别。暗能量占了大约70%的宇宙总能量，而暗物质则占大约26%。起初，我们认为正能量的形成需要满足一些

绝对条件，而暗能量作为宇宙的一个组成部分，至少违背了其中一个条件。

正电子

正电子是反物质世界中电子的对应物。当正电子与电子结合时，两者相互湮灭。正电子具有与电子相等的质量，但电荷与电子相反。

等效原理

等效原理是爱因斯坦广义相对论的基本原理之一，其基本含义是，在万有引力场里，一切物体，无论其构成如何，都在以相同的方式发展。

线性特性

量子力学的本质属性之一。它指向这样一个事实：如果有两个可能的方案可以用来描述同一系统，通过把这两个最初的方案线性组合，我们就能创造出无数的其他方案。量子力学的线性特质受到物理学家们的热烈追捧，却也意味着我们不可能随心所欲地克隆一个系统。

爱因斯坦的广义相对论

这一万有引力理论由爱因斯坦提出。在广义相对论中，万有引力表现为由物质造成的时空曲率。要注意的是，爱因斯坦的理论是一个经典理论，它在量子力学中被概述为弦理论，关于它的研究远未停止。

量子远距传输

这样的操作是指通过分析某一物体的构成和量子态，传输它的原子描述而不是物体本身，最后在另一个地方重造，从而完成对该物体的完美复制。

虫洞

虫洞是时空中的秘密通道，它允许人们抄捷径从时空的一端迅速转移到另一端。从理论上说，虫洞之说的依据是爱因斯坦的广义相对论，但它也许无法让宏观物体通过。

图书在版编目（CIP）数据

我们可以穿越时间吗／（法）加布里埃尔·夏尔丹著；费群蝶译 . —上海：上海科学技术文献出版社，2016
（知识的大苹果＋小苹果丛书）
ISBN 978-7-5439-7186-8

Ⅰ.① 我… Ⅱ.①加…②费… Ⅲ.①时空—普及读物 Ⅳ.① O412.1-49

中国版本图书馆 CIP 数据核字 (2016) 第 199918 号

Peut-on voyager dans le temps ? by Gabriel Chardin
© Editions Le Pommier - Paris, 2014
Current Chinese translation rights arranged through Divas International, Paris
巴黎迪法国际版权代理（www.divas-books.com）

图字：09-2015-808

责任编辑：张 树 王倍倍 封面设计：钱 祯

丛书名：知识的大苹果＋小苹果丛书
书 名：我们可以穿越时间吗
[法]加布里埃尔·夏尔丹 著 费群蝶 译
出版发行 上海科学技术文献出版社
地 址：上海市长乐路 746 号
邮政编码：200040
经 销：全国新华书店
印 刷：昆山市亭林彩印厂有限公司
开 本：787×1092 1/32
印 张：3.375
版 次：2017 年 1 月第 1 版 2017 年 1 月第 1 次印刷
书 号：ISBN 978-7-5439-7186-8
定 价：18.00 元
http://www.sstlp.com